Carne coltivata

Origini, produzione e impatti sulla nutrizione umana

Dott.re Cecere Nicola

INDICE

Introduzione

Capitolo I: Introduzione alla carne coltivata

I. 1 Origini della carne coltivata

I. 2 Composizione nutrizionale

I. 3 Comparazione con la carne tradizionale

Capitolo II: Produzione e tecnologia della carne coltivata

II. 1 Processi di coltivazione della carne coltivata

II. 2 Approcci cellulari e biotecnologie utilizzate

II. 3 Implicazioni ambientali della produzione di carne coltivata

Capitolo III: Impatti sulla nutrizione umana

III. 1 Valutazione nutrizionale della carne coltivata

III. 2 Applicazioni pratiche della carne coltivata nella dieta

III. 3 Benefici potenziali e criticità per la salute umana

Conclusioni

Bibliografia

Introduzione

A partire dalla seconda metà del XX secolo, l'allevamento intensivo ha profondamente trasformato i metabolismi socio-ecologici dei nostri ambienti, provocando significative modifiche nei singoli stili di vita e nei ritmi ecosistemici della biosfera (FAO, 2013). Pertanto, il processo industriale di allevamento di animali per il consumo umano è considerato una delle principali cause del nuovo periodo geologico noto come Antropocene (Crutzen, 2006), con tutte le perturbazioni che caratterizzano la natura. Inoltre, a seguito della recente pandemia di COVID-19, sta crescendo la preoccupazione per le malattie zoonotiche, cioè le trasmissioni virali dagli animali non umani all'essere umano. Questo mette in discussione l'allevamento industriale, le cui condizioni di confinamento di massa e sovraffollamento con scarsa igiene possono favorire queste mutazioni e la diffusione di virus dannosi, anche per le nostre società (Bryony et al., 2013).

Alternative alimentari esistono; l'allevamento intensivo di animali domestici per il consumo umano non è l'unica strada esplorata. L'allevamento estensivo è un'altra opzione per soddisfare il desiderio di carne. Essendo una pratica tradizionale con una storia molto più lunga rispetto alle attività industriali, offre una certa affidabilità metodologica nella produzione di alimenti. Come specie, abbiamo pascolato animali per migliaia di anni per trarre vantaggio da loro senza che gli effetti di questa pratica causassero lo stesso livello di danni al pianeta dell'allevamento intensivo. A prescindere dalle varie critiche giustificate all'allevamento estensivo (Lark et al., 2020), per molti rimane una scelta alimentare ragionevole, poiché sembra causare meno danni agli ecosistemi e agli animali non umani rispetto al sistema industriale.

Tuttavia, al di là di questa controversia, c'è un problema sottostante irrisolto: non c'è abbastanza superficie sul pianeta per consentire all'allevamento estensivo di carne di soddisfare in modo sostenibile le attuali tendenze verso diete ricche di proteine animali (Hayek et al., 2020). Pertanto, se si sceglie di sostituire l'allevamento intensivo con questa pratica, deve essere implicita una drastica riduzione del consumo di carne.

L'alto consumo di carne, in particolare carne rossa e processata, costituisce una preoccupazione per la salute pubblica a causa del suo elevato contenuto di colesterolo, grassi saturi, sale (sodio) aggiunto e altri elementi, che rappresentano fattori di rischio per lo sviluppo di malattie come il diabete e le malattie cardiovascolari (MCV) correlate all'alimentazione. La prevalenza delle malattie croniche non trasmissibili sta aumentando a livello globale ed è una delle principali cause di morte nel mondo. Queste patologie includono le MCV (ictus, infarto miocardico, ecc.), il cancro e il diabete, e i principali fattori di rischio che le causano comprendono una combinazione di fattori genetici, fisiologici, comportamentali e ambientali, con l'alimentazione che svolge un ruolo significativo.

Nonostante queste malattie siano spesso associate a persone anziane, possono colpire individui di tutte le età, con la maggior parte dei decessi che si verificano tra i 30 e i 69 anni, specialmente nei paesi a basso e medio reddito. La prevenzione e il controllo di tali malattie rappresentano una priorità per l'Organizzazione Mondiale della Sanità (OMS) e i governi. Non è possibile intervenire su tutti i fattori di rischio, ma una parte significativa di essi è modificabile, tra cui il fumo, il consumo eccessivo di sale, l'assunzione di alcol, l'inattività fisica e le diete non salutari a cui tutti siamo esposti.

Una dieta poco salutare e sbilanciata, con un elevato consumo di alimenti ultra processati ricchi di amidi, zuccheri, sale, ecc., contribuisce all'aumento di peso, sovrappeso e obesità, all'innalzamento della pressione sanguigna e dei livelli di glucosio nel sangue, nonché all'iperlipidemia, tutti fattori di rischio metabolico per lo sviluppo di malattie croniche non trasmissibili. Pertanto, l'educazione nutrizionale e la modifica delle abitudini alimentari rivestono un ruolo chiave.

Le diete vegetariane e vegane ben bilanciate sono perfettamente salutari e, inoltre, secondo l'Accademia di Nutrizione e Dietetica, offrono vantaggi nella prevenzione e nel trattamento di alcune malattie. Alla luce di ciò, sorge la domanda se sia necessario smettere di consumare carne per prevenire determinate patologie e migliorare la salute. Le diete a base vegetale sono state associate alla riduzione di diversi fattori di rischio per lo sviluppo di malattie cardiovascolari, grazie all'alto contenuto di fibre, proteine vegetali e antiossidanti. Inoltre, coloro che seguono queste diete presentano un BMI e una circonferenza vita inferiori. La riduzione dei fattori di rischio è stata osservata anche in coloro che seguono una dieta flessoria, che protegge da diabete e cancro quando il consumo di carne è basso o moderato. Pertanto, senza la necessità di seguire una dieta vegetariana rigorosa, la popolazione potrebbe trarre beneficio dall'inclusione di più alimenti di origine vegetale nella propria alimentazione e dalla riduzione del consumo di carne.

Tutto ciò ha portato alle attuali raccomandazioni nutrizionali che indicano di diminuire il consumo di proteine animali e aumentare quello di proteine vegetali. Sfruttando questa tendenza, insieme alla crescente preoccupazione dei consumatori per la salute e l'impronta ecologica delle diete, è emerso un nuovo settore di mercato: le alternative a base di proteine vegetali. L'introduzione di questi prodotti, che hanno sapore, consistenza ed aspetto simili alla carne, può aiutare i consumatori a ridurre gradualmente il consumo di carne. Inoltre, l'uso di alternative alla carne può comportare ulteriori benefici per la salute, come l'aumento dell'apporto di fibre, che è considerato molto al di sotto delle raccomandazioni nella popolazione generale. Questi prodotti possono migliorare l'accettazione di diete più ricche di vegetali e rendere più agevole e comodo il passaggio dalla carne.

Attualmente sul mercato esistono numerose alternative alla carne, oltre al tofu o al tempeh tradizionalmente consumati dai vegetariani. Si cerca di rendere questi prodotti il più simili possibile alla carne, persino nell'aspetto sanguinante, il che rappresenta una sfida considerevole in quanto le proteine vegetali non hanno le stesse caratteristiche funzionali di quelle animali. Di conseguenza, devono essere elaborate e integrate con altri ingredienti o additivi per ottenere il risultato desiderato in termini di sapore e consistenza. Tuttavia, a causa di questa stessa differenza, è più difficile replicare tagli di carne come bistecche, con un'ampia presenza di prodotti vegetali che simulano carni processate come salumi, salsicce, hamburger, ecc., che hanno una struttura diversa. Tuttavia, il processo di produzione e l'aggiunta di additivi a questi prodotti vegetali possono trasformarli in alimenti ultra processati.

Negli ultimi anni, la carne coltivata si sta profilando come una possibile soluzione a questa complessa situazione in cui l'alimentazione può essere vista come una leva di trasformazione essenziale e, allo stesso tempo, come un'abitudine costosa da modificare. Promette di essere la tanto attesa formula magica che permetterà di mantenere i nostri costosi stili di vita senza che ciò comporti un costo per il pianeta e per le generazioni future. Ma è davvero un'alternativa alimentare priva di sfide morali?

Questo è l'interrogativo che funge da sfondo al presente elaborato, che verte sulla massiccia domanda globale di proteine di origine animale, unita al collasso ecologico e alle conseguenti disuguaglianze alimentari. Una problematica che ha spinto accademici, scienziati e imprenditori di tutto il mondo a cercare alternative. Una di queste è la ricerca sulle cellule animali per la produzione di carne coltivata in laboratorio. Tale processo di generazione di alimenti a base di carne in vitro è presentato come una soluzione ai crescenti problemi socio-ecologici.

La tesi è articolata in tre capitoli principali, ognuno dei quali esamina un aspetto specifico della carne coltivata e del suo impatto sulla società umana e sull'ambiente circostante.

Il Capitolo I affronterà la genealogia e le radici della carne coltivata come soluzione alle sfide alimentari globali. In particolare, si esploreranno le motivazioni che hanno portato allo sviluppo della carne coltivata e le sue prospettive future.

Il Capitolo II si addentrerà nei processi di coltivazione della carne ottenuta in laboratorio, analizzando gli approcci cellulari e le biotecnologie coinvolte in questo processo. Saranno esaminate anche le implicazioni ambientali legate alla produzione di carne coltivata.

Nel Capitolo III, si valuterà la composizione nutrizionale della carne coltivata, esplorando le sue possibili applicazioni pratiche nella dieta umana. Inoltre, verranno analizzati i benefici potenziali e le criticità per la salute umana connessi al consumo di carne coltivata.

In questo contesto, la tesi si prefigge l'obiettivo di fornire una panoramica approfondita della carne coltivata, esaminando il suo contesto storico, la sua produzione e i suoi possibili impatti sulla nutrizione umana. Non mancheranno alcune domande sulle promesse di contribuire a una maggiore sostenibilità, benessere animale e giustizia alimentare, esplorando le sfide bioetiche poste dal controverso mezzo di coltura che utilizza feti bovini per sviluppare questo tipo di carne sintetica. Attraverso un'etica non antropocentrica, verranno affrontati quattro diversi tipi di argomenti al fine di chiarire alcune delle limitazioni morali connesse a questa ricerca alimentare: da una prospettiva deontologica, da criteri utilitaristici, da un'ottica basata sulle capacità e da un'etica delle virtù.

Capitolo I

Introduzione alla carne coltivata

I. 1 Origini della carne coltivata

L'attuale popolazione mondiale, stimata a 7,3 miliardi, è previsto raggiungerà i 10 miliardi entro il 2050 (ONU, 2019). Tale aumento potrebbe generare una domanda di proteine doppia rispetto all'attuale produzione (Godfrey 2019). Poiché i sistemi tradizionali di produzione della carne, come l'allevamento animale, sono diventati non sostenibili, gli scienziati hanno cercato fonti proteiche alternative (Goodwin e Spalle, 2013). Inizialmente, gli sforzi per sviluppare alternative alla carne si sono concentrati su analoghi a base vegetale, utilizzando fonti proteiche come soia, grano o funghi (Hoek et al., 2004). Solo di recente, i ricercatori hanno esplorato l'uso di cellule muscolari coltivate come alternative alla carne tradizionale, nota anche come carne in vitro, prodotta mediante tecnologia di coltura cellulare in vitro, isolando principalmente cellule muscolari scheletriche da biopsie muscolari o bestiame macellato (Choi et al., 2021).

Le tecnologie della carne coltivata hanno attirato notevole attenzione perché potrebbero integrare o parzialmente sostituire i sistemi convenzionali di produzione animale (Post et al., 2020). Infatti, il sistema convenzionale è stato una componente fondamentale dell'agricoltura, ma crescenti preoccupazioni ambientali, sociali e relative al benessere animale hanno sollevato interrogativi sulla sua sostenibilità (Post, 2012).

La prima carne coltivata è stata prodotta nel 2013 da Mark Post dell'Università di Maastricht, Paesi Bassi, utilizzando cellule muscolari scheletriche bovine. Da allora, numerosi laboratori universitari e aziende hanno intrapreso la ricerca in questo settore (Stephens et al., 2018). *Start-up* come *Memphis Meats* negli Stati Uniti hanno sviluppato vari prodotti a base di carne coltivata, mentre aziende come JUST hanno introdotto crocchette di pollo coltivate. *Modern Meadow* ha persino combinato carne coltivata con un idrogel per creare una bistecca innovativa (Marga, 2016). Dal debutto del primo campione di carne coltivata nel 2013, numerose aziende private si sono dedicate alla produzione di carne coltivata (Choudhury et al., 2020).

Sebbene siano presenti sfide tecnologiche nel settore della carne coltivata, almeno alcune delle problematiche globali potrebbero essere affrontate attraverso lo sviluppo di questa tecnologia. Le attuali questioni e gli sviluppi tecnologici nella produzione di carne coltivata si focalizzano su tre ambiti principali:

    1. aspetti sociali ed economici della carne coltivata;

2. basi biologiche dell'allevamento di vari animali da reddito;
3. approcci tecnologici alla produzione di carne coltivata.

Attualmente, nel panorama globale, operano 32 aziende specializzate nella produzione di carne coltivata, con un *focus* prevalente su varietà come carne di manzo (25%), pollame (22%), maiale (19%), frutti di mare (19%) e altre carni esotiche (15%), tra cui spiccano topi, canguri e cavalli (Choudhury et al., 2020). La maggior parte di queste imprese ha sede in Nord America (40%), seguita da Asia (31%) ed Europa (25%). Nei recenti cinque anni, si è assistito a un significativo afflusso di capitali destinati alla ricerca e allo sviluppo nel settore della carne coltivata, con un investimento stimato di circa 320 milioni di dollari, di cui il 75% indirizzato alla produzione di carne bovina e suina, e il restante 25% alla produzione di prodotti ittici (Choudhury et al., 2020).

I. 2 Composizione nutrizionale

L'obiettivo finale della carne coltivata è la produzione di prodotti a base di carne commestibili senza coinvolgere direttamente gli animali e senza la necessità di prelevare carne dal bestiame. Per raggiungere questo obiettivo, le cellule staminali pluripotenti emergono come la scelta più promettente, in grado di differenziarsi in muscoli, grasso e altri tipi cellulari che contribuiscono al vero sapore della carne. Tra le due varianti di cellule staminali pluripotenti, ovvero le cellule staminali embrionali (ESC) e le cellule staminali pluripotenti indotte (iPSC), queste ultime sembrano essere più adatte, in quanto risultano facili da stabilire e offrono un'alternativa non basata su embrioni. iPSC di vari animali da reddito, quali bovini (Han et al., 2011), suini (Wu et al., 2009) e polli (Choi et al., 2016), sono state già stabilite. Sebbene le iPSC umane e di topo presentino un potenziale di auto rinnovamento illimitato, le cellule iPSC del bestiame perdono la loro staminalità durante la coltura a lungo termine nell'attuale sistema di coltura (Choi et al., 2016). Di conseguenza, è necessario migliorare il terreno di coltura per la coltura a lungo termine delle iPSC del bestiame. Considerando che il tessuto muscolare è una struttura complessa composta da vari tipi cellulari, quali muscoli, grasso, mioglobina, ecc., è fondamentale sviluppare protocolli di differenziazione e tecniche per formare una struttura tridimensionale che includa più tipi cellulari.

Attraverso l'utilizzo della tecnologia dell'ingegneria tissutale o del sistema di bioprinting, le cellule muscolari e vari tipi di cellule di supporto possono essere coltivate sulla stessa impalcatura 3D per creare tessuti complessi che mimano la struttura del muscolo scheletrico in vivo (Krieger et al., 2018). Recentemente, è stata adottata un'impalcatura progettata in 3D per le cellule satellite bovine, che sono state propagate sull'impalcatura immergendole in un mezzo di crescita miogenico. Le cellule muscolari lisce bovine e le cellule endoteliali si differenziano sulla struttura di supporto per formare prodotti a base di carne a base cellulare, considerati adatti al consumo come prodotti alimentari.

Le caratteristiche delle cellule satellite, costituenti essenziali della carne proveniente da animali industriali quali bovini, suini, pollame e pesce, includono principalmente muscoli scheletrici, fibroblasti e cellule adipose (Dodson et al., 2015). In aggiunta, la carne fornisce nutrienti cruciali per l'alimentazione umana, come la vitamina B12 e il ferro eme. Le cellule muscolari scheletriche, multinucleate e striate, sono responsabili della contrazione muscolare e possiedono la notevole capacità di rigenerarsi e riparare danni minori al tessuto muscolare (Laumonier e Menetrey, 2016). Tale capacità di autorinnovamento è attribuibile alle cellule staminali, specificamente alle cellule satellite presenti all'interno del tessuto muscolare scheletrico. Queste cellule, considerate staminali per la loro capacità di mantenimento attraverso l'autorinnovamento, mantengono una costante presenza anche dopo lesioni ripetute (Shi e Garry, 2006).

In condizioni normali, le cellule satellite permangono in uno stato quiescente, regolato da un ciclo cellulare negativo, fattori di crescita e l'espressione di soppressori tumorali come la proteina del retinoblastoma (Rb) (Dumont et al., 2015). La segnalazione Notch sovraregolata costituisce un ulteriore marcatore delle cellule satellitari quiescenti. La *down-regulation* di Notch è, dunque, un prerequisito per la differenziazione miogenica (Brack et al., 2008). Inoltre, fattori chiave come il fattore miogenico 5 (Myf5), la determinazione miogenica (MyoD) e la miogenina (Myog) vengono espressi dalle cellule satellite attivate in risposta a stimoli muscolari, fungendo da marcatori per progenitori miogenici impegnati (Dumont et al., 2015). Le cellule satellite proliferanti attive, esprimendo elevati livelli di scatola accoppiata 7 (Pax7) e risultando contemporaneamente negative per Myf5 e MyoD, svolgono un ruolo cruciale nel mantenimento della staminalità.

Le cellule satellite furono per la prima volta isolate in vitro da Richard Bischoff nel 1974 (Bischoff, 1974). Dopo la scoperta dei metodi di isolamento e proliferazione delle cellule satellite muscolari (Bischoff, 1975), sono stati sviluppati diversi protocolli modificati per isolare in modo più efficiente le cellule satellite da diverse specie animali, tra cui pollo (Yablonka-Reuveni et al., 1987), cavallo (Greene e Raub, 1992), mucca (Dodson et al., 1987), pecora (Dodson et al., 1986), pesce (Greenlee et al., 1995) e maiale (Doumit e Merkel, 1992). L'utilizzo di cellule satellite isolate ha consentito ai ricercatori di approfondire la comprensione dei processi alla base della formazione e dello sviluppo muscolare (Allen et al., 1979). Recentemente, gli scienziati hanno impiegato le cellule staminali e la tecnologia della coltura muscolare per sviluppare carne coltivata in laboratorio, coltivata in un incubatore di laboratorio mediante l'uso di muscoli scheletrici isolati e cellule satellite (Bischoff, 1975).

Nonostante la carne coltivata non sia ancora disponibile sul mercato e presenti un costo notevolmente più elevato rispetto alla carne tradizionale, offre diversi vantaggi significativi. La carne coltivata è considerata "carne pulita", priva di potenziali agenti patogeni (Kadim et al., 2015), e rappresenta una scelta rispettosa dell'ambiente, dato che non richiede ampi spazi per l'allevamento del bestiame e produce emissioni di gas serra notevolmente inferiori rispetto all'allevamento tradizionale (Tuomisto e Teixeira de Mattos, 2011). Attualmente, numerose start-up stanno emergendo a livello globale, impegnate nella ricerca per la produzione di carne coltivata di alta qualità a costi più contenuti.

I. 3 Comparazione con la carne tradizionale

L'isolamento e la differenziazione in vitro delle cellule satellite del muscolo di pollo sono stati descritti per la prima volta nel 1983 da Matsuda et al. (1983). Successivamente, Yablonka-Reuveni et al. (1987) hanno ottenuto cellule pettorali di pollo differenziate da cellule satellite attraverso la centrifugazione su un gradiente di densità di Percoll. Queste cellule svolgono un ruolo fondamentale nella crescita muscolare dei polli da carne dopo la schiusa e nella manutenzione e riparazione muscolare in caso di infortunio. L'analisi del potenziale di proliferazione e differenziazione delle cellule satellite di pollo ha rivelato che, in generale, dopo danni al muscolo scheletrico, nuove fibre muscolari derivate da cellule satelliti quiescenti sostituiscono l'area danneggiata e ricostruiscono la struttura muscolare (Feldman e Stockdale, 1991). Inoltre, studi hanno indicato che le cellule satelliti di diverse regioni muscolari possono differenziarsi in modo specifico, influenzando la composizione muscolare risultante (Feldman e Stockdale, 1991).

In termini di carne coltivata di pollo, diverse aziende, tra cui JUST e Memphis Meats, hanno dimostrato successi nella produzione di prototipi, quali hamburger e nuggets. JUST ha presentato la sua carne di pollo coltivata attraverso un video promozionale nel 2018, mentre Memphis Meats è stata in grado di produrre polpette di pollo coltivato nel 2017. Anche Future Meat Technologies, una start-up israeliana fondata nel 2018, ha ottenuto successi nella produzione di carne di pollo coltivata in laboratorio, riducendo i costi di produzione a 150 dollari per libbra di pollo (Lucas, 2019). Tuttavia, la commercializzazione di questi prodotti richiede ancora l'approvazione delle autorità regolamentari, come la Food and Drug Administration (FDA) degli Stati Uniti e il Dipartimento dell'Agricoltura degli Stati Uniti (USDA).

Lo sviluppo muscolare dell'anatra è stato oggetto di diversi studi, che hanno evidenziato le fasi di differenziazione delle cellule muscolari durante lo sviluppo embrionale. Ad esempio, durante lo sviluppo embrionale, i mioblasti proliferanti si differenziano in miotubi, seguiti da ulteriori maturazione e differenziazione in fibre muscolari mature (Braun e Gretel, 2011). Studi specifici sull'anatra hanno dimostrato che il muscolo dell'iride è costituito da diverse fibre muscolari e da una capsula che le circonda (Adal e

Cheng, 1980), e che le cellule mesenchimali stromali nell'iride possono migrare verso il muscolo dell'iride, diventando muscoli scheletrici iridiali (Yamashita e Sohal, 1986).

Inoltre, la ricerca sulle microRNA muscolo-specifici (MiomiR) ha rivelato l'importanza di miRNA-1 e miRNA-133 nello sviluppo e nella maturazione muscolare delle anatre. Questi miRNA sono stati suggeriti come fattori cruciali per la proliferazione e la differenziazione del muscolo scheletrico dell'anatra (Wu et al., 2019). Startup come Memphis Meats hanno dimostrato successi nella produzione di carne coltivata di anatra, presentando prodotti come carne coltivata di anatra e chorizo. Inoltre, aziende come Gourmet hanno sviluppato tecnologie per coltivare cellule di uovo di anatra per creare foie gras etico, sottolineando il crescente interesse per la carne coltivata a base di anatra.

La carne bovina è stata oggetto di studi approfonditi, con un'enfasi sulla comprensione dei processi di sviluppo muscolare e dei meccanismi di proliferazione cellulare. Gli studi hanno indicato che, negli animali da carne, lo stadio fetale dello sviluppo muscolare è critico poiché il numero di fibre muscolari rimane costante dopo la nascita (Zhu et al., 2004). Le cellule satellite svolgono un ruolo cruciale nella crescita muscolare dopo la nascita, differenziandosi nella linea miogenica. *Mosa Meat*, una start-up olandese, è stata la prima a promuovere la carne coltivata di manzo, coltivando e differenziando cellule staminali ottenute da una mucca per creare strisce muscolari. Altre aziende, come *Memphis Meats* e *Metatable*, hanno presentato con successo polpette di carne coltivata di manzo, dimostrando la crescente capacità dell'industria di produrre carne coltivata di alta qualità in modo più conveniente.

Per quanto riguarda la carne di maiale coltivata, studi condotti da Doumit e Merkel hanno suggerito metodi per isolare cellule satelliti miogeniche suine dal muscolo scheletrico, con successive migliorie nei protocolli di coltura in vitro (Doumit e Merkel, 1992). L'importanza di marcatori come Pax7, NCAM, CD34, LDHA e COPB1 è stata sottolineata per identificare e isolare queste cellule. L'analisi RNA-seq del muscolo longissimus dorsi del maiale ha rivelato il coinvolgimento di RNA lunghi non codificanti nella crescita muscolare e nella deposizione di grasso (Chen et al., 2019). Le startup come *Metatable*, attraverso tecnologie di cellule staminali, hanno prodotto con successo carne suina coltivata, sottolineando i progressi nella creazione di prodotti derivati dal maiale in modo etico e sostenibile.

Capitolo II

Produzione e tecnologia della carne coltivata

II. 1 Processi di coltivazione della carne coltivata

Sebbene i prodotti a base di carne coltivata destinati ai test del gusto siano stati prodotti utilizzando piastre di coltura cellulare standard e fiaschi impilati, la coltivazione su larga scala di carne coltivata richiederà l'utilizzo di bioreattori con volumi di diverse migliaia di litri o superiori. Questa transizione fondamentale nel modo in cui le cellule sono coltivate introduce ulteriori considerazioni, come lo scambio di gas, il trasferimento di calore, lo stress da taglio, la miscelazione e la formazione di schiuma, che non sono solitamente di interesse per gli specialisti nella coltura cellulare standard. Mentre molte di queste tecniche possono essere adattate da settori come la terapia cellulare, la produzione di proteine ricombinanti o altri prodotti biologici, sono necessarie significative ottimizzazioni per portare la carne coltivata oltre la fase di degustazione e renderla disponibile sul mercato. Ciò richiederà uno sforzo interdisciplinare tra biologi cellulari e ingegneri chimici, meccanici e di bioprocessi.

Sono disponibili diversi metodi per portare la produzione di carne coltivata oltre le fasi pilota e commerciali. In generale, questi metodi possono essere suddivisi in modo categorico in batch, fed-batch, continui e perfusione (Meyer, Minas e Schmidhalter 2017). Nella coltura batch, un contenitore viene riempito con un volume fisso di terreno e le cellule vengono coltivate fino alla loro densità massima prima di essere raccolte o trasferite in un contenitore più grande. Nella coltura fed-batch, le cellule coltivate in un contenitore vengono alimentate con terreno fresco da un contenitore di alimentazione indipendente in linea a velocità variabili per massimizzare proprietà come la crescita esponenziale delle cellule o la densità cellulare. Nella coltura continua, le cellule vengono coltivate in un contenitore e il mezzo fresco viene aggiunto tramite un contenitore di alimentazione in linea a una portata ottimizzata, mentre il prodotto, le cellule o il mezzo vengono raccolti simultaneamente in un contenitore di raccolta indipendente alla stessa velocità o a una velocità alternativa. Infine, la coltura per perfusione è un sottoinsieme della coltura continua in cui le cellule vengono conservate tramite un substrato o un metodo di raccolta, consentendo l'integrazione del riciclo del mezzo e densità cellulari elevate in uno spazio più piccolo. Ciascun metodo presenta potenziali vantaggi e svantaggi, e potrebbe essere opportuno utilizzare più metodi durante un bioprocesso di carne coltivata.

Esistono diversi modelli di bioreattori tra cui scegliere, che possono essere distinti in base al modo in cui il mezzo viene miscelato e se le cellule vengono coltivate in sospensione o aderiscono a una superficie solida. Per la coltura di cellule animali, il bioreattore più comunemente utilizzato è un reattore a serbatoio agitato continuo, poiché offre una maggiore sterilità a lungo termine e un ridotto gorgoglio rispetto ai reattori a sollevamento d'aria su larga scala (Meyer, Minas e Schmidhalter 2017). In generale, i reattori con serbatoio agitato continuo consentono la crescita di cellule in sospensione attraverso agitazione meccanica, mantenendo un elevato trasferimento di massa di ossigeno. Risultati simili di crescita delle sospensioni possono essere ottenuti con bioreattori a piattaforma oscillante e bioreattori a ruota verticale, anche se su scale inferiori. La crescita in sospensione può verificarsi anche con cellule dipendenti dall'ancoraggio attraverso l'uso di *microcarrier*.

Le attuali tendenze nel settore biofarmaceutico e della terapia cellulare indicano una preferenza per i bioreattori con vasca agitata e piattaforma oscillante in sistemi monouso fino a 6000 litri. I bioreattori monouso vantano il vantaggio di non richiedere la sterilizzazione termica (discussa più avanti), risparmiando sui tempi di consegna, sulla contaminazione incrociata, sull'uso di acqua, sull'energia e sui costi dei sensori (discussi di seguito). Pertanto, i bioreattori monouso potrebbero rappresentare una scelta favorevole considerando i metodi di produzione su larga scala (discussi più avanti), anche se il valore comparativamente inferiore di un lotto di prodotto a base di carne coltivata rispetto a un farmaco biologico o una terapia cellulare umana potrebbe limitare l'applicabilità economica di tecnologie monouso. In particolare, i sacchetti per bioreattori monouso sono costituiti da vari strati di materiale che devono soddisfare rigorosi standard normativi, comportando costi elevati per garantire che un lotto di prodotto di alto valore non vada perso. Pertanto, con un valore di lotto inferiore e requisiti normativi legati alla qualità alimentare, potrebbe esserci spazio per progettare sacchetti usa e getta economicamente fattibili e sicuri per gli alimenti, specificamente adattati alla produzione di carne coltivata. I parametri di sostenibilità favorevoli dei bioreattori monouso, che mostrano risparmi sull'uso di acqua ed energia derivanti dalla sterilizzazione rispetto ai bioreattori in acciaio inossidabile, dovranno essere valutati rispetto ai rifiuti prodotti dai monouso.

Un aspetto rilevante nella scala delle cellule animali è la gestione dello stress da taglio, una forza meccanica generata dall'attrito del liquido sulla superficie cellulare (Nerem 1991). Le cellule animali, prive di parete cellulare, tendono generalmente ad essere più sensibili allo stress da taglio rispetto ai loro omologhi microbici. Nei bioreattori, lo sforzo di taglio può originarsi dalla turbolenza del liquido generata dalla girante (o dal movimento generale) per mantenere le cellule in sospensione. Aumenti nei volumi generalmente comportano maggiore stress di taglio, anche se la distribuzione di tale forza non è uniforme nell'intero bioreattore, potendo generare vortici di turbolenza in base al tipo e al numero di giranti (Papoutsakis 1991).

Lo stress da taglio può impattare la vitalità cellulare (Hu, Berdugo e Chalmers 2011) e la differenziazione (Stolberg e McCloskey 2009), ma è suscettibile di essere mitigato tramite l'installazione di interruttori di flusso, adattamenti cellulari o l'aggiunta di polimeri al mezzo di coltura (D. Chang et al. 2017).

La presenza di bolle e la loro rottura possono altresì generare sollecitazioni da taglio a causa delle differenze nelle velocità di flusso. Nelle cellule coltivate in sospensione, bolle di dimensioni ridotte (< 1 mm di diametro) possono provocare stress da taglio e tassi di citotossicità più elevati (Nienow 2006), ma questa dinamica potrebbe non applicarsi alle cellule coltivate su microcarrier. Questo apre la possibilità che un reattore di trasporto aereo, basato sul gorgoglio controllato di gas, possa essere impiegato per la crescita di cellule animali quando si utilizzano microcarrier. La crescita cellulare in aggregati o su microcarrier può influenzare in modo indipendente le forze di taglio esercitate sulle cellule. Pertanto, è essenziale calcolare i livelli tollerabili di stress da taglio per ciascuna linea cellulare e tipo cellulare (King e Miller 2007).

Un possibile approccio per minimizzare lo stress da taglio nei bioreattori con serbatoio agitato è sviluppare metodologie che riducano o eliminino la turbolenza, favorendo invece un flusso laminare. Ciò potrebbe essere realizzato mediante la progettazione di nuove giranti basate su un flusso di liquido ascendente che si disperde lateralmente nel contenitore, consentendo al fluido stesso di gestire la miscelazione in modo efficace e, nel contempo, eliminando gradualmente le forze di taglio. Tali strategie, insieme ad altre (che saranno discusse in seguito), potrebbero rivelarsi indispensabili per ottimizzare la produzione di carne coltivata. (Li et al. 2019)

II. 2 Approcci cellulari e biotecnologie utilizzate

La stragrande maggioranza dei tipi cellulari, inclusi quelli impiegati nella produzione di carne coltivata, è dipendente dall'ancoraggio, richiedendo un substrato su cui crescere per evitare una forma di morte cellulare programmata nota come anoikis. Sebbene le cellule staminali pluripotenti possano essere coltivate come aggregati in sospensione indipendenti dall'ancoraggio, è importante sottolineare che devono essere regolarmente dissociate in singole cellule per prevenire la differenziazione spontanea (Shafa et al. 2012). Spesso, per evitare la morte delle singole cellule, queste vengono trattate con un inibitore della Rho Kinase, noto come inibitore ROCK. Anche se i tipi cellulari pluripotenti utilizzati nella produzione di carne coltivata sono in gran parte ancorati, progressi recenti nella coltura di organoidi hanno permesso lo sviluppo di protocolli di differenziazione basati sulla sospensione, dando origine a diversi tipi cellulari derivati da cellule staminali pluripotenti indotte (iPSC), quali miotubi scheletrici (Jelawat et al. 2017) e pool sostenibili di progenitori miogenici non impegnati (Mavrommatis et al. 2020). I protocolli derivati da gastruloidi hanno dimostrato la formazione di somiti, strutture progenitrici che conducono alla creazione di tessuto adiposo, connettivo, muscolo scheletrico, tendini, cartilagine e ossa, fungendo così da componenti fondamentali per la carne coltivata (Rosado-Olivieri e Brivanlou. 2020). Tali protocolli, sebbene possano ricreare in modo più accurato la fisiologia delle controparti cellulari in vivo, sono ancora in fase di sperimentazione su larga scala (Kim e Kino-Oka 2018). Da notare che la coltura basata su aggregati può manifestare maggiore suscettibilità allo stress di taglio (Chapman et al. 2014), con conseguente diminuzione della vitalità cellulare e densità cellulare inferiore rispetto alla coltura in sospensione di singola cellula, sebbene queste limitazioni possano essere superate con ulteriori ottimizzazioni (Lipsitz et al. 2018).

Anche i tipi di cellule staminali adulte, come le cellule microsatelliti e le cellule staminali mesenchimali, dipendono dall'ancoraggio e vengono comunemente coltivate in sospensione su microcarrier per aggirare questa limitazione, sebbene le colture sferoidi rappresentino un'alternativa promettente (Aliperti et al. 2014). Tuttavia, non ci sono limitazioni biologiche intrinseche all'adattamento alla sospensione. Ad esempio, il tipo di cellula ovarica epiteliale del criceto cinese, ampiamente utilizzato nella produzione di prodotti biologici, è stato adattato con successo alla crescita in sospensione e ottimizzato per caratteristiche specifiche, come la massimizzazione della produzione proteica in vitro. Diversamente, le cellule staminali mesenchimali utilizzate in terapie cellulari spesso sono di natura autologa e richiedono un ridimensionamento minimo, senza la necessità di ottimizzare la linea cellulare prima del reintegro nel corpo (Galipeau e Sensébé 2018). Allo stato attuale, lo sviluppo di prodotti allergenici standardizzati che richiedono un geoprocessamento su larga scala, ad esempio per la produzione di un milione di dosi, e l'ottimizzazione attraverso l'uso di linee cellulari consolidate è ancora in una fase embrionale. La carne coltivata seguirà strategie di adattamento analoghe a quelle nel campo biologico, utilizzando ad esempio cellule ovariche di criceto cinese rispetto alle terapie con cellule mesenchimali autologhe minimamente manipolate.

Esistono diverse opzioni per l'adattamento cellulare, tra cui la selezione naturale o assistita, strategie di evoluzione diretta (Tizi et al. 2016) o l'ingegneria genetica (Lee et al. 2016). Secondo gli esperti di Shock Meats, le differenze tra le specie possono influenzare la probabilità di crescita in sospensione, come dimostrato dall'efficiente adattamento alla crescita in sospensione dei mioblasti degli insetti (Rubio et al. 2019) e delle linee cellulari dei gamberetti. Alcune linee cellulari immortalizzate, a seconda del metodo di immortalizzazione, possono sviluppare una indipendenza dall'ancoraggio, consentendo la crescita in sospensione (Kovalevich e Langford 2013). Infine, negli adipociti, l'accumulo di goccioline lipidiche dopo la maturazione e l'aumento risultante della galleggiabilità possono presentare ulteriori sfide nella produzione di grasso coltivato nei bioreattori convenzionali a vasca agitata (Zhang et al. 2000).

La produzione di carne coltivata basata sull'ingegneria tissutale dipende principalmente dalle tecnologie di coltura cellulare su larga scala, le quali possono generare una quantità significativa di cellule per consentire la produzione di carne (Verbruggen et al., 2018). I sistemi di produzione di cellule su larga scala mirano anche a massimizzare la produzione cellulare utilizzando il minor numero possibile di risorse. La manipolazione minima e un breve periodo di coltura per ottenere un numero sufficiente di cellule raccolte sono considerati fattori chiave per un'efficiente produzione di massa cellulare (Moritz et al., 2015).

Diversi tipi di cellule sono potenzialmente praticabili per la produzione di carne in coltura, tra cui le cellule satellite miogeniche, le cellule staminali embrionali e le cellule staminali pluripotenti indotte (iPS) (Kadim et al., 2015). Tra questi, le cellule satellite miogeniche sono particolarmente promettenti grazie alla loro efficiente differenziazione in miotubi (Arshad et al., 2017). Per l'espansione delle cellule dipendenti dall'ancoraggio, vengono impiegati vari metodi e bioreattori (Merten, 2015), i quali, indipendentemente dalla tecnologia specifica, forniscono una superficie di attacco per le cellule, garantendo allo stesso tempo lo scambio di gas e nutrienti in parallelo (Tavassoli et al., 2018).

Sistemi multivassoio: Poiché la coltura cellulare rappresenta una fase cruciale nella produzione di carne coltivata, la selezione della piastra o del recipiente di coltura appropriato è fondamentale. Le fiasche a T comunemente utilizzate nelle colture cellulari forniscono un'area superficiale di 20–225 cm2. In caso di colture su larga scala che richiedono una superficie significativamente più ampia, potrebbero essere impiegate più fiasche a T. Come alternativa, è stato sviluppato un sistema multivassoio, il quale, pur offrendo più superfici di attacco cellulare, richiede un'attenta gestione in quanto ogni fiasca a T deve essere trattata individualmente (Rafiq et al., 2013).

Bottiglie a rullo: Le bottiglie a rullo, concepite da Gey nel 1933, sono progettate per mantenere a basso costo un gran numero di popolazioni cellulari utilizzando meno terreno di coltura (Melero-Martin e Al-Rubeai, 2007). Queste bottiglie, posizionate in una camera a tenuta di gas o in una custodia senza camera, possono essere sigillate per evitare la disidratazione delle cellule e del mezzo di coltura. Le bottiglie a rullo richiedono un meccanismo di guida lento, consentendo alle bottiglie di ruotare lentamente e garantendo un uniforme ricoprimento delle cellule da parte del mezzo, facilitando un maggiore scambio di gas (Melero-Martin e Al-Rubeai, 2007). Rispetto alle fiasche a T o alle colture a vassoio multiplo, le bottiglie a rullo offrono una maggiore area di ancoraggio (Rafiq et al., 2013), anche se il monitoraggio in tempo reale risulta complesso e la gestione di più bottiglie è laboriosa (Tavassoli et al., 2018). Sono stati compiuti sforzi significativi per automatizzare il processo di coltura basato su bottiglie a rullo (Kunitake et al., 1997).

Micro Portatori: Le cellule in coltura in sospensione forniscono una produzione maggiore rispetto ai sistemi di coltura monostrato, ma è essenziale garantire l'adesione delle cellule a una superficie di coltura specifica affinché le cellule dipendenti dall'ancoraggio possano proliferare senza compromettere le loro caratteristiche cellulari (Grinnell, 1978). Per questo, vengono utilizzati i micro portatori per stabilire colture in sospensione (Rafiq et al., 2013). Il concetto di "micro portatore" è stato introdotto da Van Wezel nel 1967, utilizzando particelle di destrano per sviluppare colture cellulari su larga scala in una sospensione agitata (Van Wezel, 1967). Queste microsfere, generalmente fatte di materiali come destrano, cellulosa, gelatina o plastica, attraggono cellule con membrane caricate negativamente, favorendo l'adesione e la proliferazione (Stanbury et al., 2013). La separazione delle cellule dai micro portatori può essere una fase impegnativa, ma esistono approcci come l'utilizzo di micro portatori termoreattori o biodegradabili per semplificare il processo (Bodiou et al., 2020). I micro portatori commestibili rappresentano un'opzione promettente per la produzione di carne coltivata destinata al consumo umano (Bodiou et al., 2020).

Impalcatura: Ottenere una struttura tissutale dalle cellule muscolari è cruciale per la produzione di carne coltivata. Gli scaffold, modellati nella forma desiderata, forniscono un supporto fisico per l'ancoraggio delle cellule muscolari (Ben-Arye e Levenberg, 2019). Le cellule, fortemente dipendenti dalla loro nicchia, trovano negli scaffold un ambiente simile alla nicchia per la crescita (Zeltinger et al., 2001). Gli idrogel, spesso utilizzati come materiali di base per gli scaffold, imitano la matrice extracellulare (ECM) fornendo un ancoraggio permeabile alle cellule, favorendo lo scambio di acqua, gas e nutrienti (Hwang et al., 2010). L'uso di bioink, in particolare quelli basati su matrice extracellulare decellularizzata (dEC), migliora la similitudine con il tessuto reale, offrendo ai gel una maggiore quantità di fattori specifici del tessuto (Kim et al., 2020). Sebbene non sia stato ancora riportato l'uso di scaffold per la produzione diretta di carne coltivata, l'approccio mostra promesse nel trapianto di tessuti e nell'ingegneria tissutale (Choi et al., 2019). Gli scaffold vegetali decellularizzati, realizzati in cellulosa, sono stati utilizzati con successo per la coltura di cellule muscolari, fornendo un ambiente di crescita naturale e promuovendo l'allineamento dei miotubi (Cheng et al., 2020).

Man mano che le cellule proliferano, rilasciano fattori autocrini e paracrini che possono agire come segnali pro-crescita o inibitori per le cellule circostanti. In condizioni di elevata densità cellulare, come quelle previste per la produzione di carne coltivata (vale a dire > 1×10^7 cellule/mL), tali segnali possono influenzare notevolmente la proliferazione, la differenziazione e la vitalità delle cellule successive.

L'utilizzo di modellazione computazionale in silico emerge come uno strumento prezioso per la selezione di metodologie di bioprocessamento. Questo approccio consente di modellare l'accumulo di segnali paracrini e prevedere strategie atte a ottenere risultati favorevoli (Csaszar et al., 2012). In caso di identificazione di segnali indesiderati, è possibile eliminarli dalla coltura mediante filtrazione, mentre quelli desiderabili possono essere riciclati. In alternativa, la coltura delle cellule in concentrazioni elevate di metaboliti, come acido lattico e ammoniaca (Schumpp e

Schlaeger, 1992), insieme a basse concentrazioni di fattori di crescita, può selezionare cellule tolleranti ad alte densità con minori richieste di fattori di crescita (ad esempio, condizioni prive di siero) (Sinacore, Drapeau e Adamson, 2000).

La crescita a elevata densità può richiedere adattamenti dei nutrienti nel mezzo di coltura cellulare, oltre all'aggiunta di trasportatori di ossigeno (Ozturk, 1996) e agenti antischiuma (Velugula-Yellela et al., 2018). È cruciale sviluppare linee cellulari ottimizzate attraverso diverse specie, adattate in modo univoco all'ambiente biofisico dei bioreattori e capaci di tollerare i rilevanti fattori paracrini o i metaboliti secrezionati durante le fasi di proliferazione e differenziazione. Ulteriori studi saranno necessari per caratterizzare il secretoma delle cellule adipose e muscolari scheletriche di diverse specie utilizzate nella carne coltivata. Un esempio di linee cellulari ottimizzate per metaboliti tossici è presentato in un recente brevetto rilasciato da UPSIDE Foods. Il brevetto illustra linee cellulari contenenti una glutammina sintetasi geneticamente codificata, che consente la conversione intracellulare del glutammato in glutammina, consumando ammoniaca nel processo. In questo modo, l'ammoniaca può essere ridotta di circa il 20%, generando substrati energetici per la cellula sotto forma di glutammina (Genovese, 2019). Studi hanno dimostrato che alcune specie aviarie metabolizzano l'ammoniaca in modo diverso rispetto ai mammiferi nei loro muscoli scheletrici, a causa delle differenze nell'espressione della glutammina sintetasi, producendo miotubi presumibilmente più grandi grazie a un maggiore utilizzo di glutammina (Stern e Mozdzonek, 2019). Pertanto, le differenze intrinseche tra le specie giocano un ruolo fondamentale nelle ottimizzazioni degli ambienti biochimici e biofisici nei bioreattori.

II. 3 Implicazioni ambientali della produzione di carne coltivata

Sostenibilità economica della carne coltivata: Il sistema di carne coltivata richiede minori quantità di acqua, terra, cereali ed energia rispetto al sistema di allevamento tradizionale (Tuomisto e Teixeira de Mattos, 2011). Inoltre, la carne coltivata può mostrare un tasso di conversione in carne commestibile superiore rispetto al sistema di allevamento tradizionale, il quale presenta un tasso di conversione del 5%-25% (Alexander, 2011). Di conseguenza, la carne coltivata potrebbe rappresentare un'alternativa sostenibile con limitati impatti ambientali. Ad esempio, un bioreattore da 20 m^3, attualmente la dimensione massima per la produzione di carne coltivata, potrebbe generare 25.600 kg di carne coltivata all'anno (Van der Weele e Tramper, 2014). Se assumiamo l'assenza di perdite durante il processo, questa produzione soddisferebbe le esigenze di carne coltivata per 2.560 persone all'anno (Van der Weele e Tramper, 2014). Tale calcolo si basa sull'ipotesi che ogni persona nel mondo consumi 25-30 grammi di carne coltivata al giorno (10 kg/anno). Inoltre, poiché il mantenimento del bioreattore richiede solo poche ore di lavoro al giorno, la produzione di carne coltivata potrebbe rappresentare un'alternativa economicamente vantaggiosa rispetto al sistema di allevamento tradizionale (Bhat et al., 2014). È stato anche riportato che il prezzo degli hamburger di carne coltivata è sceso da 325.000 dollari a 11,36 dollari per hamburger o 80 dollari per chilogrammo di carne entro 2 anni (Crew, 2015). Ulteriori vantaggi economici possono derivare dalla collocazione degli impianti di produzione di carne coltivata vicino alle città, riducendo notevolmente i costi di trasporto (Bhat et al., 2015). Inoltre, rispetto all'industria tradizionale della carne, che spesso gestisce grandi quantità di rifiuti a causa dell'utilizzo limitato dell'intera carcassa, i sistemi di produzione di carne coltivata possono focalizzarsi sulla produzione di tagli di alta qualità, riducendo significativamente gli sprechi alimentari (Stephens et al., 2018).

Il sistema di allevamento attuale ha impatti negativi sull'ambiente, generando problemi di sostenibilità ambientale. L'acqua utilizzata dagli allevamenti, anche se in gran parte ritorna all'ambiente, è spesso inquinata o evaporata (Melvin, 1995). Questo inquinamento è causato dalle attività di bestiame, dalla produzione di mangimi e dalla lavorazione dei prodotti, aumentando la richiesta complessiva di acqua (Steinfeld et al., 2006). La produzione di 1 kg di carne bovina richiede 15.495 litri di acqua, di cui il 99% è utilizzato per la crescita di cereali e foraggi grossolani (Hoekstra e Chapagain, 2006). Solo l'1% di questa quantità (circa 155 litri) viene utilizzato per il consumo diretto e la fornitura di acqua al bestiame. L'inquinamento e il consumo eccessivo di acqua possono portare alla perdita di biodiversità distruggendo gli habitat naturali (Steinfeld et al., 2006). D'altro canto, la tecnologia della carne coltivata utilizza circa l'82%–96% in meno di acqua rispetto all'allevamento tradizionale (Tuomisto e Teixeira de Mattos,

2011). In generale, il settore della produzione animale richiede il 30% della superficie totale e il 33% dei terreni coltivati per l'alimentazione del bestiame, ma solo l'1% della terra è richiesto per la carne coltivata (Alexander et al., 2017). Tuttavia, l'efficienza energetica è una sfida, poiché la carne coltivata richiede almeno quattro volte più energia rispetto al bestiame tradizionale (Alexander et al., 2017). Nello specifico, per produrre carne coltivata, sono richiesti 18–25 GJ/t di energia diretta, rispetto ai 4,5 GJ/t di energia diretta necessari per la produzione di carne tradizionale (MacLeod et al., 2013). La produzione di bestiame consuma energia per illuminazione, riscaldamento e raffreddamento, mentre i sistemi di carne coltivata richiedono energia per la coltura delle cellule muscolari, la sterilizzazione e l'idrolisi del materiale di biomassa nei terreni di coltura cellulare (Tuomisto e Teixeira de Mattos, 2011).

La produzione di carne contribuisce inoltre al 18% delle emissioni globali di gas serra e al 37% delle emissioni di metano, superando il settore dei trasporti (FAO, 2012). La carne coltivata potrebbe ridurre significativamente l'impatto ambientale, specialmente in termini di emissioni di gas serra. La carne coltivata potrebbe quindi offrire un'alternativa più sostenibile all'allevamento convenzionale. La possibilità di ridurre le emissioni di gas serra costituisce un notevole vantaggio ambientale della carne coltivata rispetto alle pratiche tradizionali.

La produzione tradizionale di carne coinvolge la macellazione di circa 56 miliardi di animali ogni anno (Dorovskikh, 2015). Il benessere degli animali legato alla produzione zootecnica è diventato una priorità etica a livello mondiale. I sistemi di carne coltivata sono stati considerati buone alternative, riducendo significativamente l'uso di animali e attenuando la sofferenza causata da pratiche tradizionali come il confinamento ristretto e le condizioni di macellazione crudeli (Post, 2012). La carne coltivata può rappresentare un'opzione attraente per vegetariani, vegani e coloro che desiderano ridurre il consumo di carne per motivi etici (Hopkins e Dacey, 2008). Con la diffusione della produzione di carne coltivata, ci si aspetta una significativa riduzione dell'uso di animali, un minore impatto sulla sofferenza animale e una varietà di fonti di carne coltivata, comprese quelle di animali selvatici (Bhat et al., 2014).

Nonostante i potenziali vantaggi della carne coltivata in termini di benessere animale e ambiente, il suo successo commerciale dipende in gran parte dalla percezione del consumatore e da varie preoccupazioni sociali, tra cui la naturalezza, la sicurezza alimentare e le questioni etiche (Mancini e Antonioli, 2020). L'accettazione della carne coltivata da parte dei consumatori potrebbe essere controversa a causa di percezioni di artificiosità e preoccupazioni etiche. Gli ostacoli comuni includono la resistenza del consumatore a nuove tecnologie e gli effetti del framing sulla percezione della carne coltivata (Bryant e Dillard, 2019). Una comunicazione efficace e la fornitura di informazioni positive possono influenzare positivamente l'atteggiamento e l'intenzione di acquisto della carne coltivata da parte dei consumatori (Bryant et al., 2019).

La fiducia dei consumatori nella carne coltivata richiede normative solide, garantendo sicurezza e composizione nutrizionale. La regolamentazione della carne coltivata è stata oggetto di studio negli Stati Uniti e nell'Unione Europea, ma è ancora difficile stabilire normative complete a causa di informazioni insufficienti e tecnologie incomplete (Stephens et al., 2018). Inoltre, esistono controversie in diverse comunità religiose, come ebrei, musulmani e indù, a causa del suo status ambiguo, e le leggi alimentari devono ancora essere discusse (Bryant, 2020).

Nel contesto delle scelte alimentari, le considerazioni etiche assumono un ruolo sempre più centrale. Benché la carne coltivata si stia avvicinando alla disponibilità commerciale effettiva, è evidente che le preoccupazioni etiche correlate non siano ancora del tutto risolte (Dilworth et al., 2015). Tra i consumatori, si sviluppano dibattiti in merito alle questioni etiche legate alla carne coltivata. I sostenitori sostengono che i sistemi di carne coltivata richiedano un numero notevolmente inferiore di animali rispetto alla produzione di carne tradizionale e possano contribuire a mitigare la sofferenza animale, come il confinamento in spazi ristretti o pratiche di macellazione crudeli (Chriqui e Hocquette, 2020). Inoltre, la carne coltivata potrebbe essere la preferita da coloro che desiderano ridurre il consumo di carne per motivi etici, inclusi vegetariani e vegani (Hopkins e Dacey, 2008). Secondo un rapporto precedente, la carne coltivata potrebbe influire positivamente sull'impronta di carbonio, rappresentando così una strategia potenzialmente efficace per sensibilizzare l'opinione pubblica su questo tipo di carne (Tomiyama et al., 2020). Tuttavia, nonostante i possibili vantaggi derivanti dall'adozione della carne coltivata, molte persone esprimono preoccupazioni riguardo alla sicurezza alimentare, focalizzandosi sulla percezione di innaturalità associata a questo tipo di carne (Laestadius, 2015). Inoltre, alcuni temono che l'introduzione della carne coltivata possa accentuare le disparità di consumo tra individui più abbienti e quelli meno fortunati (Stephens et al., 2018).

Capitolo III

Impatti sulla nutrizione umana

III. 1 Valutazione nutrizionale della carne coltivata

La carne è universalmente riconosciuta come un alimento nutriente, grazie alla presenza di proteine altamente digeribili e a una eccellente composizione di aminoacidi, vitamine e minerali. Tuttavia, per quanto riguarda le proteine, alcune considerazioni sono state precedentemente affrontate nel paragrafo Struttura e Tessitura, e resta ancora da chiarire fino a che punto il contenuto proteico e la composizione cellulare in coltura assomiglino a quelli della carne tradizionale.

Nell'ambito dell'ingegneria tissutale, le impalcature composte da polimeri naturali vengono ampiamente impiegate per organizzare le cellule in un ambiente tridimensionale (Datar & Betti 2010). Nei moderni approcci di ingegneria tissutale, spesso si utilizza un idrogel di tali polimeri, poiché agevola la contrazione indotta dalle cellule e l'allineamento dei tessuti. Tuttavia, è importante notare che il volume dell'idrogel supera tipicamente quello delle cellule, anche dopo un prolungato periodo di coltura (Powell et al 2002). Di conseguenza, la composizione dei macronutrienti del prodotto complessivo sarà influenzata anche dal materiale dell'impalcatura.

Proteine come il collagene o la fibrina sono comunemente impiegate negli approcci di ingegneria del tessuto muscolare. Il collagene, sebbene contenga principalmente aminoacidi non essenziali (Listrat et al. 2016), presenta anche una moderata quantità di lisina, considerata un aminoacido limitante nelle diete prive di carne (Giovane, Pellet 1994). Tuttavia, la lisina nel collagene del tessuto connettivo subisce varie modifiche a livello post-trascrizionale, trasformandosi in idrossilisina, la quale non può essere utilizzata nella sintesi proteica (Sinex & Slyke 1955). Pertanto, risulterà interessante determinare la proporzione di lisina rispetto a idrossilisina nel collagene, considerando la fonte di provenienza (diversi tipi di collagene animale o collagene ricombinante).

Mentre il collagene rappresenta solo una piccola frazione nella carne magra, nei prodotti a base di carne lavorata può essere aggiunto fino a costituire il 25% delle proteine totali (47< un i=12>). Al fine di evitare componenti di derivazione animale, potrebbero essere utilizzati polisaccaridi come l'alginato, la cellulosa o il chitosano, derivati rispettivamente da alghe, piante e funghi, come materiali d'impalcatura. Questa scelta non solo organizzerebbe le cellule in modo efficace, ma fornirebbe anche una preziosa fonte di fibra alimentare, la quale presenta numerosi benefici per la salute ed è spesso carente nelle diete occidentali. (Grabike, Slavin 2008)

Dal punto di vista nutrizionale, il grasso della carne può essere analizzato sia dal suo contenuto percentuale che dalla composizione degli acidi grassi. Queste caratteristiche sono soggette a diverse variabili, come la specie e la razza del bestiame, l'età, il tipo di alimentazione e il taglio della carne (Wood et al. 2008). Mentre il contenuto totale di grassi incide principalmente sulla densità calorica del prodotto, la composizione degli acidi grassi assume un ruolo più complesso nel determinare il valore nutrizionale complessivo, considerando fattori come la presenza di grassi saturi o insaturi, il rapporto tra acidi grassi polinsaturi e la presenza di grassi trans-insaturi.

L'aggiunta di acidi grassi può essere realizzata attraverso co-colture di adipociti derivati da cellule staminali adipose, che hanno la capacità di sintetizzare vari acidi grassi saturi e insaturi (Yue et al. 2018). Tuttavia, è importante notare che gli acidi grassi essenziali, come l'acido linoleico e l'α-linolenico, e altri composti nutrizionalmente preziosi, come l'acido linoleico coniugato (la cui sintesi dipende dalla bioidrogenazione nei ruminanti), possono essere presenti nella carne (Wood et al. 2008) e potrebbero essere ancora carenti nell'approccio co-culturale. Ulteriori ricerche sono necessarie per determinare se la composizione in acidi grassi della coltura di adipociti può essere manipolata, ad esempio, attraverso l'aggiunta diretta di acidi grassi essenziali ai terreni senza interrompere la crescita e la lipogenesi (Martínez-Fernández et al. 2015). In alternativa, l'aggiunta di grassi di origine vegetale nella fase finale dei prodotti a base di carne coltivata potrebbe risultare economicamente e tecnicamente più fattibile rispetto alla co-coltura in vitro con adipociti.

La carne rappresenta anche una fonte significativa di minerali, tra cui ferro, zinco e selenio. Nel tessuto muscolare, il ferro si presenta come parte del gruppo eme nella mioglobina (e in misura minore nell'emoglobina) o è immagazzinato in complesso con la ferritina in una forma non eme (Barba 2001). L'incremento del contenuto di mioglobina può quindi migliorare le caratteristiche nutrizionali, oltre alle proprietà di colore e sapore. Altri minerali, come zinco e selenio, sono generalmente assenti o presenti in concentrazioni molto basse nei terreni di coltura delle cellule di base, pertanto devono essere integrati per sostenere la crescita cellulare. Fino ad ora, non è noto come avvenga l'assorbimento di questi minerali nella carne coltivata. Dal punto di vista nutrizionale, è vantaggioso consumare il ferro nella forma eme, poiché viene assorbito più facilmente rispetto alla forma non eme, e il suo assorbimento non è ostacolato dagli agenti chelanti presenti naturalmente in alcuni alimenti.

Nella maggior parte delle diete, la carne rappresenta una significativa fonte di varie vitamine del gruppo B, soprattutto la B12 (Williams 2007). Quest'ultima vitamina viene sintetizzata esclusivamente da microrganismi, come batteri e archea, per poi essere assorbita e utilizzata dagli animali, dato che le piante raramente contengono quantità considerevoli di B12 (Watanabe & Bito 2017). Pertanto, coloro che seguono una dieta a base vegetale devono integrare la loro alimentazione con vitamina B12 per soddisfare le esigenze dietetiche (Obeid et al. 2019). Se si desidera considerare la carne coltivata come sostituto della carne tradizionale, è essenziale che contenga vitamina B12. Riguardo all'ingegneria dei tessuti, le vitamine sono necessarie nei terreni per ottenere una proliferazione cellulare ottimale (Higuchi 1973), ma non è ancora chiaro se l'assorbimento dai terreni si traduca in livelli di vitamine nella carne coltivata paragonabili alla carne tradizionale. Inoltre, l'assorbimento della vitamina B12 richiede una proteina legante (transcobalamina II) che facilita il suo trasporto attraverso la membrana cellulare (Nielsen et al. 2012). Questo aspetto potrebbe presentare ulteriori sfide nel raggiungere livelli adeguati di B12 nel tessuto muscolare in coltura, rendendo necessarie ulteriori ricerche per determinare se i meccanismi di assorbimento spontaneo delle vitamine siano sufficienti per raggiungere la parità nutrizionale con la carne tradizionale. Un'alternativa potrebbe essere l'aggiunta post-colturale di vitamina B12 alla carne (prodotto). Allo stesso modo, molte alternative a base vegetale attualmente disponibili contengono vitamina B12 aggiunta per migliorarne il valore nutrizionale.

Oltre a nutrienti cruciali come vitamine, minerali, aminoacidi e acidi grassi essenziali, la carne ospita numerosi composti bioattivi benefici per la salute umana. La taurina, un amminoacido libero con un ruolo vitale in molti processi metabolici (Seetharam, Li 2000), è parzialmente ottenuta dalla dieta umana, ma la sintesi interna della taurina, principalmente nel fegato e nel cervello, è sufficiente negli esseri umani sani (Lourenço, Camilo 2002). Un elevato apporto alimentare di taurina è stato associato a un effetto protettivo contro le malattie cardiovascolari (Wójcik et al.

2010), rendendo l'incremento del contenuto di taurina nella carne coltivata un possibile vantaggio. Inoltre, si sta esaminando il potenziale della carne coltivata come ingrediente nel cibo per animali domestici, che rappresenta il 25-30% dell'impatto ambientale totale derivante dalla produzione animale negli Stati Uniti (Okin 2017). La taurina è un nutriente essenziale per i gatti e condizionatamente essenziale per i cani (Kanakubo et al. 2015), rendendo necessaria l'aggiunta di taurina per questa applicazione, specialmente considerando che le condizioni generali della coltura cellulare sono carenti di taurina. Il trattamento con taurina migliora la differenziazione dei mioblasti in miotubi (Miyazaki et al. 2013), quindi l'aggiunta di taurina ai terreni di coltura cellulare potrebbe aumentare l'efficienza del processo di produzione, oltre ai benefici nutrizionali.

La creatina, nota per accumularsi nei muscoli, fornendo una fonte immediata di energia per la contrazione, è sintetizzata principalmente nel fegato, nei reni e nel pancreas. L'integrazione alimentare di creatina è stata ampiamente studiata e trovata benefica per l'aumento della massa muscolare e, in certa misura, per il miglioramento della funzione cognitiva in adulti sani e anziani (Gualano et al. 2016). Inoltre, l'aggiunta di creatina ai terreni di coltura cellulare migliora la differenziazione dei mioblasti (Deldicque et al. 2007), indicando un possibile utilizzo per migliorare la produzione di carne coltivata. Tuttavia, l'aumento del contenuto di creatina potrebbe avere effetti negativi sulla salute. La reazione di Maillard durante la cottura della carne tradizionale porta alla formazione di ammine eterocicliche cancerogene (Gibis 2016). Altri composti presenti nei prodotti a base di carne tradizionale, come i composti N-nitroso e il ferro eme, sono stati associati a un aumento del rischio di cancro (Gamage et al. 2018). Resta da vedere se i livelli di questi composti possono essere ridotti nella carne coltivata senza compromettere gli aspetti sensoriali e nutrizionali.

III. 2 Applicazioni pratiche della carne coltivata nella dieta

Le sfide tecnologiche legate alla consistenza della carne coltivata variano notevolmente in base al tipo di carne o prodotto a base di carne in produzione. La creazione di una consistenza accattivante, simile alla carne fresca, rappresenta una sfida considerevole, particolarmente accentuata nella produzione di tagli simili a bistecche o braciole di maiale, risultando attualmente un obiettivo impegnativo e potenzialmente non realizzabile nel prossimo futuro (Hocquette 2016). La mancanza di sangue, fonte di nutrienti e ossigeno, insieme alle limitazioni di diffusione, consente la produzione di pochi strati cellulari con le attuali tecniche di coltura (Bhat, Fayaz 2010). La produzione di pezzi di carne più spessi richiederebbe un sistema di perfusione per distribuire il mezzo con sostanze nutritive e ossigeno in tutto il tessuto, e un possibile approccio potrebbe coinvolgere un sistema vascolare rivestito da cellule endoteliali (Kolobova et al. 2018).

Contrariamente alla carne tradizionale, la consistenza della carne coltivata dipende in gran parte dalla struttura fibrillare influenzata dal rigor mortis e dall'invecchiamento, dal tessuto connettivo presente nell'endo-, peri- ed epimisio del muscolo, e dalla quantità e composizione del grasso nel muscolo (Toldra 2010). Al contrario, l'uso di matrici commestibili (impalcature) per creare una struttura di tessuto connettivo è una possibilità che può prescindere dalla complessità della co-coltura cellulare. Queste matrici, basate su proteine strutturali come collagene ed elastina, possono essere modificate mediante l'aggiunta di mezzo per indirizzare le cellule verso una maggiore deposizione di matrice extracellulare, modificando così le proprietà meccaniche del tessuto (Feiner 2006). La co-coltura di diversi tipi cellulari può essere tecnicamente impegnativa, poiché ciascun tipo cellulare richiede condizioni di coltura specifiche, e l'imitazione accurata di queste proprietà può richiedere la co-coltura di mioblasti con fibroblasti e adipociti.

Nel caso della produzione di carne macinata, come gli hamburger, la sfida risulta più gestibile, come dimostrato nel prototipo del 2013 (Kupferschmidt 2013). Tuttavia, è importante notare che la consistenza risultante di questi prodotti coltivati potrebbe più verosimilmente assomigliare agli hamburger lavorati industrialmente, piuttosto che agli hamburger freschi di alta qualità, che contengono solo sale come ingrediente.

Altri prodotti a base di carne lavorata, come le salsicce cotte, vengono macinati ancora più finemente, eliminando completamente le strutture cellulari (Glorieux et al. 2019). Ciò semplifica notevolmente la produzione di carne coltivata per questo scopo, potendo eventualmente omettere l'uso di materiali di impalcatura commestibili (Specht et al. 2018). La formazione della struttura in questi prodotti dipende principalmente dalle proprietà tecno-funzionali delle proteine disciolte, specialmente dalla gelificazione delle proteine miofibrillari actina e miosina durante la pastorizzazione. L'aggiunta di una frazione di grasso, come nelle salsicce cotte, richiede la stabilizzazione delle proteine per formare una pellicola proteica attorno ai globuli di grasso (Benjaminson et al. 2002). Pertanto, le caratteristiche gelificanti ed emulsionanti delle proteine della carne sono cruciali nella produzione di prodotti a base di carne finemente macinata. Sebbene sia stato suggerito che la composizione biochimica della carne coltivata debba avvicinarsi a quella della carne normale, poiché entrambe contengono fibre muscolari (Bhat et al. 2019), le metodologie attuali in vitro producono solo piccole quantità di isoforme prevalentemente embrionali o neonatali di actina e miosina (Thorrez 2019). L'utilizzo di stimolazioni elettriche e/o meccaniche può aumentare il diametro delle miofibre e migliorare la struttura dei miotubi, ma resta da determinare se questa pratica sia scalabile ed economicamente fattibile per fornire le proprietà gelificanti ed emulsionanti necessarie. In caso contrario, potrebbero essere richiesti ulteriori ingredienti strutturali, come proteine aggiuntive, idrocolloidi, amidi, fibre, ecc. Molti sostituti della carne attualmente disponibili, principalmente a base di proteine vegetali, contengono quantità significative di ingredienti strutturali per correggere le loro proprietà tecnico-funzionali inferiori, ma questa pratica potrebbe compromettere l'accettazione del prodotto da parte dei consumatori, desiderosi di prodotti con etichetta pulita.

Dal punto di vista strutturale, emerge la questione di se siano necessarie intere cellule muscolari per la produzione di carne finemente macinata in vitro, poiché dopo il processo di macinazione non rimangono strutture cellulari (Glorieux et al. 2019). L'uso di proteine sintetiche della carne, prodotte attraverso la fermentazione, potrebbe rappresentare un'alternativa più fattibile (Burton 2019).

III. 3 Benefici potenziali e criticità per la salute umana

L'Autorità Europea per la Sicurezza Alimentare (EFSA) ha eseguito una valutazione preliminare dei potenziali rischi associati alla salute umana e animale legati alla carne coltivata, nota anche come carne prodotta in vitro o carne sintetica.

L'EFSA ha concluso che la carne coltivata è essenzialmente equivalente alla carne animale tradizionale in termini di sicurezza alimentare, ma ha identificato alcuni potenziali rischi che richiedono ulteriori valutazioni, come la possibile presenza di contaminanti chimici o biologici nel processo di coltivazione.

In aggiunta, l'EFSA ha evidenziato la necessità di sviluppare norme e linee guida adeguate per la produzione e la commercializzazione di carne coltivata, mirando a garantire la sicurezza alimentare e la tracciabilità del prodotto.

Complessivamente, l'EFSA ha indicato che ulteriori ricerche e valutazioni sono necessarie per comprendere appieno gli effetti della carne coltivata sulla salute umana, animale, sull'ambiente e sulla biodiversità. Tuttavia, ha sottolineato che la carne coltivata potrebbe costituire una soluzione sostenibile e alternativa alla produzione tradizionale di carne, con un possibile impatto ambientale e di benessere animale inferiore.

Il procedimento operativo per la produzione di carne coltivata può variare in base al tipo di cellule utilizzate e al processo specifico adottato dal produttore. In generale, la produzione segue diverse fasi, tra cui il prelievo di campioni di cellule da animali vivi o tessuti post-mortem, la coltura cellulare con nutrienti e fattori di crescita, la differenziazione delle cellule in muscoli, l'aggregazione cellulare per formare una massa tridimensionale e infine la maturazione e lavorazione del tessuto muscolare per ottenere il prodotto finale. Ogni fase richiede una scrupolosa attenzione ai dettagli e un rigoroso controllo di qualità per garantire la sicurezza alimentare e la qualità del prodotto, considerando anche l'aspetto della sostenibilità e dell'impatto ambientale.

In definitiva, la carne coltivata offre la prospettiva di ridurre il rischio di malattie croniche, come le malattie cardiovascolari, il cancro e il diabete. Questo perché può essere prodotta senza l'aggiunta di grassi saturi e colesterolo, fattori di rischio comunemente associati al consumo eccessivo di carne tradizionale. La possibilità di modulare la composizione nutrizionale può contribuire a promuovere uno stile di vita più salutare.

Grazie al controllo preciso della composizione, la carne coltivata può offrire un profilo nutrizionale più equilibrato rispetto alla carne tradizionale. La possibilità di arricchire la carne coltivata con vitamine, minerali e acidi grassi omega-3 apre nuove prospettive per migliorare la qualità della dieta umana.

La produzione di carne coltivata riduce significativamente l'impatto ambientale rispetto alla produzione di carne tradizionale. L'eliminazione dell'allevamento intensivo contribuisce a ridurre le emissioni di gas serra e il consumo di risorse naturali, promuovendo una pratica più sostenibile dal punto di vista ambientale.

Una delle sfide principali è rappresentata dal costo della produzione di carne coltivata, che attualmente è ancora elevato. Tuttavia, è incoraggiante notare che i costi stanno diminuendo gradualmente con l'avanzare della tecnologia e l'ottimizzazione dei processi. La ricerca continua potrebbe rendere la carne coltivata più accessibile in futuro.

La sicurezza alimentare è un aspetto cruciale che richiede attenzione. La carne coltivata deve essere prodotta seguendo rigorose norme di sicurezza per evitare il rischio di contaminazioni batteriche o virali. Sistemi di produzione controllati e protocolli sanitari robusti sono essenziali per garantire la sicurezza del consumatore.

Gli aspetti etici della produzione di carne coltivata meritano un'attenzione particolare. È fondamentale garantire che le cellule animali utilizzate provengano da fonti etiche, rispettando il benessere animale. Questo aspetto è cruciale per ottenere l'accettazione sociale e garantire che la carne coltivata risponda ai principi etici della società.

In conclusione, mentre la carne coltivata offre notevoli benefici potenziali per la salute umana e l'ambiente, è essenziale affrontare e risolvere le criticità identificate per garantire una transizione efficace verso questa innovativa forma di produzione alimentare.

Conclusioni

A causa delle attuali sfide tecnologiche legate alla produzione, i prototipi di carne coltivata non sono al momento disponibili per una valutazione indipendente in termini tecnologici, sensoriali e nutrizionali. Analizzando lo stato attuale della tecnologia e dei processi produttivi, emerge chiaramente che la carne coltivata presenta attualmente significative differenze rispetto alla carne tradizionale dal punto di vista tecnologico, sensoriale e nutrizionale. La comprensione dell'entità con cui si verificano i processi post mortem nella carne coltivata risulta essenziale per valutarne l'impatto sulle sue proprietà sensoriali e tecnologiche.

La produzione di carne coltivata che mira a replicare la freschezza e la naturalezza della carne non trasformata presenta notevoli sfide, soprattutto riguardo alla consistenza, al colore, al sapore e alla composizione nutrizionale. Questo obiettivo richiederebbe idealmente la co-coltura di mioblasti con fibroblasti e adipociti, potenzialmente affiancata da stimolazioni elettriche e/o meccaniche per migliorare la qualità tecno-funzionale delle proteine della carne. Tuttavia, la fattibilità tecnologica ed economica di tali soluzioni, specialmente su larga scala, potrebbe essere oggetto di discussione.

Per quanto riguarda il valore nutrizionale, abbiamo delineato il lungo percorso di ulteriori ricerche necessarie prima che la composizione della carne coltivata possa avvicinarsi a quella della carne tradizionale, tenendo conto della complessità della composizione media richiesta per raggiungere tale obiettivo. Questo non solo aumenterebbe il costo del processo, ma contribuirebbe anche a un'impronta ambientale più rilevante dell'intero processo.

Nel caso dei prodotti a base di carne lavorata, molte delle sfide menzionate possono essere affrontate mediante l'aggiunta di ingredienti texturizzanti, coloranti, aromi e sostanze nutritive, al fine di correggere le proprietà sensoriali e nutrizionali. Tuttavia, questa pratica potrebbe ridurre l'accettabilità del prodotto da parte dei consumatori. Inoltre, senza un processo di produzione definito e trasparentemente comunicato, è attualmente impossibile valutare tutte le potenziali problematiche legate agli aspetti sensoriali e al valore nutrizionale dei futuri prodotti a base di carne coltivata che saranno introdotti sul mercato nei prossimi anni.

La produzione di carne coltivata, al momento guidata principalmente da start-up, offre prospettive interessanti per fornire fonti proteiche efficienti in spazi limitati. Tuttavia, nonostante il suo potenziale, questo settore affronta attualmente diverse sfide che vanno al di là degli aspetti tecnici legati alla produzione su scala industriale e alla progettazione di bioreattori ottimizzati. La presente revisione mette in evidenza la necessità di affrontare con urgenza le seguenti sfide chiave: aspetti nutrizionali, tecnico-funzionali, sensoriali e di sicurezza alimentare.

Dal punto di vista nutrizionale, è essenziale garantire che la carne coltivata fornisca una composizione nutrizionale equilibrata e completa, in grado di soddisfare i requisiti dietetici umani. Questo richiede una comprensione approfondita delle necessità nutrizionali e la progettazione di protocolli di coltura che garantiscano la produzione di carne con profili nutrizionali ottimali.

Gli aspetti tecnico funzionali riguardano la capacità della carne coltivata di replicare non solo il profilo nutrizionale, ma anche le caratteristiche funzionali della carne tradizionale. Ciò implica la ricerca e lo sviluppo di metodologie che possano garantire texture, colori e sapori paragonabili alla carne convenzionale.

Sul versante sensoriale, la percezione del consumatore gioca un ruolo fondamentale nell'accettazione di prodotti alimentari innovativi come la carne coltivata. Gli sforzi dovrebbero essere concentrati sulla creazione di prodotti che soddisfino le aspettative sensoriali dei consumatori, contribuendo così alla loro accettazione sul mercato.

Infine, la sicurezza alimentare rimane una priorità assoluta. È essenziale garantire che la carne coltivata rispetti gli standard più elevati in termini di sicurezza alimentare, prevenendo potenziali rischi microbiologici o contaminazioni.

In conclusione, mentre la produzione di carne coltivata si presenta come una soluzione innovativa e sostenibile per le sfide legate alla produzione alimentare, è cruciale affrontare e superare queste sfide nutrizionali, tecno funzionali, sensoriali e di sicurezza alimentare per garantire una transizione di successo verso un futuro alimentare più sostenibile e etico.

Bibliografia

Barba JL. Biologia del ferro nella funzione immunitaria, metabolismo muscolare e funzionamento neuronale. *J Nutr.* (2001) 131:568S–80S. 10.1093/jn/131.2.568S

Benjaminson MA, Gilchriest JA, Lorenz M. *Sistema di produzione di proteine muscolari commestibili (MPPS) in vitro*: stadio 1, pesce. *Acta Astronaut.* (2002) 51:879–89. 10.1016/S0094-5765(02)00033-4

Bhat ZF, Fayaz H. Prospetto sulla carne coltivata: alternative alla carne innovative. *J Food Sci Technol.* (2010) 48:125–40. 10.1007/s13197-010-0198-7

Burton RJF. Il potenziale impatto delle proteine animali sintetiche sulla produzione animale: la nuova "guerra all'agricoltura"? *J Rural Stud.* (2019) 68:33–45. 10.1016/j.jrurstud.2019.03.002

Choi HW, Kim JS, Choi S, Ju Hong Y, Byun SJ, Seo HG, Do JT. Rimodellamento mitocondriale nel pollo indotto da stelo pluripotente cellule. *Sviluppo cellule staminali.* 2016a;25:472–476. doi: 10.1089/scd.2015.0299.

Choudhury D, Tseng TW, Swartz E. Il business della carne coltivata. *Tendenze Biotecnologie.* 2020;38:573–577. doi: 10.1016/j.tibtech.2020.02.012.

Datar I, Betti M. Possibilità per un *sistema di produzione di carne in vitro. Innov Food Sci Emerg Technol.* (2010) 11:13–22. 10.1016/j.ifset.2009.10.007.

Deldicque L, Theisen D, Bertrand L, Hespe P, Hue L, Francaux M. La creatina migliora la differenziazione delle cellule miogeniche C2C12 attivando sia p38 che Akt/ Percorsi PKB. *Am J Physiol Cell Physiol.* (2007) 293:1263–71. 10.1152/ajpcell.00162.2007

Feiner G. *Manuale dei prodotti a base di carne.* Cambridge: Woodhead Publishing Limited; (2006). 10.1533/9781845691721

Gamage SMK, Dissabandara L, Lam AKY, Gopalan V. Il ruolo delle molecole di ferro eme derivate dalla carne rossa e lavorata nella patogenesi del carcinoma del colon-retto 121–28. 10.1016/j.critrevonc.2018.03.025 126. (2018) *Crit Rev Oncol Hematol.*

Gibis M. Ammine aromatiche eterocicliche nei prodotti a base di carne cotta: cause, formazione, presenza e valutazione del rischio. *Compr Rev Food Sci Food Saf* . (2016) 15:269–302. 10.1111/1541-4337.12186

Giovane VR, Pellett PL. Proteine vegetali in relazione alla nutrizione umana con proteine e aminoacidi. *Sono J Clin Nutr.* (1994) 59:1203S−12S. 10.1093/ajcn/59.5.1203S

Gholobova D, Gerard M, Decroix L, Desender L, Callewaert N, Annaert P, et al.. Muscolo scheletrico ingegnerizzato nei tessuti umani: un romanzo 3D *modello in vitro* per la disposizione e la tossicità del farmaco dopo l'iniezione intramuscolare. *Rappresentante scientifico*. (2018) 8:12206. 10.1038/s41598-018-30123-3

Glorieux S, Steen L, van de Walle D, Dewetting K, Foubert I, Fraeye I. Effetto del tipo di carne, del tipo di grasso animale e della temperatura di cottura sulle proprietà microstrutturali e macroscopiche delle salsicce cotte. *Tecnologia per bioprocessi alimentari*. (2019) 12:16–26. 10.1007/s11947-018-2190-6

Godfrey HCJ. Carne: Le future proteine alternative della serie. *Forum economico mondiale*. 2019:1–33.

Goodwin JN, spalle CW. Il futuro della carne: un'analisi qualitativa dei terreni di coltura della carne copertura. *Sci della carne*. 2013;95:445–450. doi: 10.1016/j.meatsci.2013.05.027.

Grabike HA, Slavin JL. Carboidrati poco digeribili nella pratica. *J Am Diet Assoc*. (2008) 108:1677–81. 10.1016/j.jada.2008.07.010

Gualano B, Rawson ES, Candow DG, Chilibeck PD. Integrazione di creatina nella popolazione anziana: effetti su muscolo scheletrico, ossa e cervello. *Amminoacidi*. (2016) 48:1793–805. 10.1007/s00726-016-2239-7

Han X, Han J, Ding F, Cao S, Lim SS, Dai Y, Zhang R, Zhang Y, Lim B, Li N. Generazione di cellule staminali pluripotenti indotte da bovini cellule fibroblastiche embrionali. *Ris. cella* 2011;21:1509–1512. doi: 10.1038/cr.2011.125.

Higuchi K. Coltivazione di cellule animali in mezzi chimicamente definiti, una revisione. *Adv Appl Microbiol*. (1973) 16:111–36. 10.1016/S0065-2164(08)70025-X

Hocquette JF. La carne *in vitro* è la soluzione per il futuro? *Meat Sci*] 167–76. 10.1016/j.meatsci.2016.04.036 120. (2016)

Hoek AC, Luning PA, Stafleu A, de Graaf C. Stile di vita alimentare e atteggiamenti salutistici dei vegetariani olandesi, consumatori non vegetariani di sostituti della carne e carne consumatori. *Appetito*. 2004;42:265–272. doi: 10.1016/j.appet.2003.12.003.

Kanakubo K, Fascetti AJ, Larsen JA. Valutazione delle concentrazioni di proteine e aminoacidi e adeguatezza dell'etichettatura delle diete vegetariane commerciali formulate per cani e gatti. *J Am Vet Med Assoc.* (2015) 247:385–92. 10.2460/javma.247.4.385

Kupferschmidt K. L'hamburger da laboratorio aggiunge sfrigolio alla candidatura per i fondi per la ricerca. *Scienza.* (2013) 341:602–3. 10.1126/science.341.6146.602

Listrat A, Lebret B, Louveau I, Astruc T, Bonnet M, Lefaucheur L, et al.. Come la struttura e la composizione dei muscoli influenzano la carne e la qualità della carne. *Sci World J.* (2016) 2016:3182746. 10.1155/2016/3182746.

Lourenço R, Camilo ME. Taurina: un amminoacido condizionatamente essenziale nell'uomo? Una panoramica su salute e malattia. *Nutr Hosp.* (2002) 17:262–70.

Marga FS. Prodotti alimentari secchi formati da muscoli coltivati cellule. *Brevetti Google* 2016.

Martínez-Fernández L, Laiglesia LM, Huerta AE, Martínez JA, Moreno-Aliaga MJ. Acidi grassi Omega-3 e funzione del tessuto adiposo nell'obesità e nella sindrome metabolica. *Prostaglandine Altri mediatori lipidici.* (2015) 121:24–41. 10.1016/j.prostaglandins.2015.07.003

Miyazaki T, Honda A, Ikegami T, Matsuzaki Y. Il ruolo della taurina sulla differenziazione delle cellule del muscolo scheletrico. *Adv Exp Med Biol.* (2013) 776:321–8. 10.1007/978-1-4614-6093-0_29.

Nielsen MJ, Rasmussen MR, Andersen CBF, Nexø E, Moestrup SK. Trasporto della vitamina B 12 dal cibo alle cellule del corpo: un sofisticato percorso a più fasi. *Nat Rev Gastroenterol Hepatol.* (2012) 9:345–54. 10.1038/nrgastro.2012.76

Obeid R, Heil SG, Verhoeven MMA, van den Heuvel EHM, de Groot LCPGM, Eussen SJPM. Assunzione di vitamina B12 da alimenti di origine animale, biomarcatori e aspetti sanitari. *Dado anteriore.* (2019) 6:93. 10.3389/fnut.2019.00093

Okin GS. Impatti ambientali del consumo di cibo da parte di cani e gatti. *PLoS ONE.* (2017) 12:e0181301. 10.1371/journal.pone.0181301

Posta MJ. Carne coltivata da cellule staminali: sfide e prospettive. *Sci della carne.* 2012;92:297–301. doi: 10.1016/j.meatsci.2012.04.008.

Post MJ, Levenberg S, Kaplan DL, Genovese N, Fu J, Bryant CJ, Negovetti N, Vermijden K, Moutsatsou P. Sfide scientifiche, di sostenibilità e normative delle colture carne. *Cibo naturale.* 2020;1:403–415. doi: 10.1038/s43016-020-0112-z.

Powell CA, Smiley BL, Mills J, Vandenburgh HH. La stimolazione meccanica migliora il muscolo scheletrico umano mediante ingegneria tessutale. *Am J Physiol Cell Physiol.* (2002) 283:1557–65. 10.1152/ajpcell.00595.2001

Seetharam B, Li N. Transcobalamina II il suo recettore sulla superficie cellulare. *Vitam Horm.* (2000) 59:337–66. 10.1016/S0083-6729(00)59012-8

Sinex FM, van Slyke DD. La fonte e lo stato dell'idrossilisina del collagene. *J Biol Chem*. (1955) 216:245–50.

Specht EA, Welch DR, Rees Clayton EM, Legally CD. Opportunità per applicare metodi di produzione e produzione biomedica allo sviluppo dell'industria della carne pulita. *Biochem Eng J.* (2018) 132:161–168. 10.1016/j.bej.2018.01.015

Stephens N, Di Silvio L, Dunsford I, Ellis M, Glencross A, Sexton A. Portare carne coltivata sul mercato: aspetti tecnici, socio-politici e sfide normative nell'agricoltura cellulare. *Tendenze Alimentari Sci Tecnol.* 2018;78:155–166. doi: 10.1016/j.tifs.2018.04.010.

Toldra F. redattore. *Manuale della lavorazione della carne.* Oxford: Wiley-Blackwell; (2010).

Watanabe F, Bito T. Fonti di vitamina B12 e interazione microbica. *Exp Biol Med.* (2017) 243:148–158. 10.1177/1535370217746612

Williams P. Composizione nutrizionale della carne rossa. *Dieta nutriente*. (2007) 64:5–7. 10.1111/j.1747-0080.2007.00197.x

Wójcik OP, Koenig KL, Zeleniuch-Jacquotte A, Costa M, Chen Y. I potenziali effetti protettivi della taurina sulla malattia coronarica< un i=3>. *Aterosclerosi*. (2010) 208:19–25. 10.1016/j.atherosclerosis.2009.06.002

Wood JD, Enser M, Fisher a V, Nute GR, Sheard PR, Richardson RI, et al.. Deposizione di grasso, composizione di acidi grassi e qualità della carne : una recensione. *Sci di carne*. (2008) 78:343–58. 10.1016/j.meatsci.2007.07.019

Wu N, Gu T, Lu L, Cao Z, Song Q, Wang Z, Zhang Y, Chang G, Xu Q, Chen G. Ruoli di miRNA-1 e miRNA-133 nella proliferazione e differenziazione dei mioblasti nel muscolo scheletrico dell'anatra. *Fisiolo delle cellule J.* 2019;234:3490–3499. doi: 10.1002/jcp.26857.

Yue Y, Zhang L, Zhang X, Li X, Yu H. *De novo* lipogenesi e desaturazione degli acidi grassi durante l'adipogenesi nelle cellule staminali mesenchimali bovine derivate dal tessuto adiposo. *Vitro Cell Dev Biol Anim.* (2018) 54:23–31. 10.1007/s11626-017-0205-7.

www.ingramcontent.com/pod-product-compliance
Lightning Source LLC
Chambersburg PA
CBHW070311230526
45470CB00002B/828